NOTICE

SUR

QUELQUES PARTIES

DES

TRAVAUX HYDRAULIQUES,

Par A. R. Polonceau,

INGÉNIEUR EN CHEF-DIRECTEUR AU CORPS ROYAL DES PONTS ET CHAUSSÉES, A VERSAILLES,
MEMBRE DE LA LÉGION D'HONNEUR.

A PARIS,

CHEZ CARILLAN-GOEURY, LIBRAIRE DES PONTS ET CHAUSSÉES,
Quai des Augustins, n° 41,

ET DELAUNAY, LIBRAIRE, AU PALAIS-ROYAL.

1829.

VERSAILLES.— IMPRIMERIE DE ALLOIS.

NOTICE

SUR QUELQUES PARTIES

DES

TRAVAUX HYDRAULIQUES,

PAR A. R. POLONCEAU,

Ingénieur en chef-directeur au corps royal des Ponts et Chaussées, à Versailles,
membre de la Légion d'Honneur.

A PARIS,

CHEZ CARILLAN-GOEURY, LIBRAIRE DES PONTS ET CHAUSSÉES,
Quai des Augustins, n° 41 ;

ET DELAUNAY, LIBRAIRE, AU PALAIS-ROYAL.

1829.

VERSAILLES. — IMPRIMERIE DE ALLOIS,
Avenue de St-Cloud, n° 3.

TABLE DES MATIÈRES.

PREMIÈRE PARTIE.

DEUXIÈME PARTIE.

[illegible]

[illegible]

[illegible]

[illegible]

[illegible]

[illegible]

NOTICE

SUR QUELQUES PARTIES

DES TRAVAUX HYDRAULIQUES.

L'une des parties les plus importantes de l'art de l'ingénieur est assurément celle des travaux hydrauliques, et ceux qui en ont dirigé savent que les difficultés principales que présente leur exécution, consistent ordinairement dans l'établissement des fondations et dans les moyens de remédier à la perte des eaux, soutenues artificiellement au-dessus des niveaux naturels. Cette notice a pour but de faire connaître des résultats d'expériences en grand, qui prouvent la bonté d'un nouveau système de fondations, adopté depuis quelques années dans des constructions importantes, ainsi que des procédés nouveaux qui peuvent être employés avec avantage dans l'exécution de ces sortes d'ouvrages, et pour la conservation des eaux.

PREMIÈRE PARTIE.

DES FONDATIONS AU-DESSOUS DU NIVEAU DES EAUX.

Examen de la résistance des pilotis.

Le système le plus anciennement et le plus généralement suivi pour établir avec solidité les fondations des ouvrages qui ont le pied dans l'eau, comme les ponts, les écluses, etc., est celui des pilotis; il consiste, comme on sait, dans des lignes de pieux plus ou moins espacés, suivant la nature du sol et les charges qu'ils doivent supporter; ils sont armés à leur extrémité inférieure de sabots aigus en fer, et enfoncés profondément par percussion; on établit sur ces pieux, recepés horizontalement, des grillages en charpente, disposés de manière à ce que les assemblages des pièces de bois croisées à angles droits, dont ils sont formés, reposent sur les têtes des pieux : on remplit tous les vides en grosse maçonnerie, jusqu'au niveau des grillages, et on couvre le tout de plate-formes en forts madriers, sur lesquelles se placent les premières assises de maçonnerie des fondations. Quand on veut fonder dans l'eau sans épuisement, on emploie des caissons, dont le fond est formé par le grillage et la plate-forme dont on vient de parler, solidement liés ensemble, et que l'on échoue sur des pieux, avec les précautions nécessaires pour assurer la coïncidence des assemblages et des têtes de pieux.

Dans ce système de fondations, on compte généralement sur la résistance des pieux, que l'on est accoutumé à considérer comme suffisante, quand ils cessent d'éprouver un enfoncement sensible sous un fort battage, ce que l'on nomme le refus ; mais cette garantie est loin d'être assez certaine pour donner une entière sécurité ; un grand nombre d'exemples de tassemens et d'accidens survenus à des ouvrages hydrauliques établis sur des pilots battus au refus, ont prouvé combien il est dangereux de s'y confier entièrement ; d'ailleurs les ingénieurs, qui ont exécuté des travaux de ce genre, savent que le refus d'un pilot n'est que temporaire et relatif, quand son pied n'est point appuyé sur un banc de tuf ou de pierre d'une épaisseur et d'une résistance suffisantes pour s'opposer à toute pénétration ; et rien n'est plus commun que de voir un pieu, qui avait été battu au refus, reprendre de la fiche, quand on recommence à le battre quelques mois plus tard.

Cet effet peut s'expliquer par le changement d'état du sol que traverse le corps du pieu ; pour le comprendre plus facilement, il faut remarquer d'abord que (hors les cas assez rares dans lesquels la pointe du pieu repose sur un banc de pierre) sa résistance sous les chocs du mouton est déterminée, bien moins par celle de son extrémité inférieure, que par le frottement considérable de toute sa superficie contre le sol, écarté avec force et tassé par l'effet du battage ; mais l'équilibre tendant à se rétablir entre le terrein ainsi comprimé et celui qui l'environne, la pression de la partie qui touche le pieu diminue en se communiquant de proche en proche ; d'où il suit que l'adhérence et le frottement du terrein contre le pieu diminuent aussi progressivement.

L'effet qu'on vient de décrire s'opère surtout par la pénétration des eaux, qui, chassées par le refoulement qu'éprouve le terrein pendant le battage, tendent à y rentrer de nouveau, et y parviennent par une filtration lente, au moyen de l'action capillaire; parvenues jusqu'au pieu, ces eaux, glissant avec facilité sur ses faces, en détachent les terres, et détruisent ainsi une partie de la résistance qui était due au frottement; dès-lors l'action du choc du mouton, ou celle de la pression exercée par la charge que supporte le pieu, se reportant en grande partie sur son pied, armé d'un fer aigu, il est facile de concevoir qu'il continue à s'enfoncer.

C'est là la cause réelle des tassemens éprouvés par plusieurs grands ouvrages fondés sur pilotis avec beaucoup de soins, et cet effet est si naturel et si constant, qu'il y a tout lieu de penser qu'en général les ouvrages ainsi fondés s'appuient, après le tassement, bien plus réellement sur les plate-formes des grillages (qui elles-mêmes reposent sur le terrein ou sur des maçonneries par de grandes surfaces) que sur les pilots; aussi dans les travaux importans, comme ceux des digues, des écluses et des grands ponts, a-t-on soin d'entourer les fondations sur pilotis d'enceintes de pieux et palplanches, pour prévenir les affouillemens sous les grillages par l'action des courans, et remarque-t-on que les ouvrages ainsi préservés sont ceux qui conservent le mieux leur niveau (¹).

On voit à la vérité quelques constructions portées sur des pilotis élevés au-dessus du fond, sans remplissage en maçonnerie; mais il faut observer que ce sont en général des bâtimens légers; et quant à ceux d'un grand poids, qui seraient ainsi fondés, on doit penser que les extrémités des pieux qui les portent sont dans le cas particulier dont on a parlé

(¹) Dans les grands ouvrages hydrauliques on cherche à assurer la stabilité des pilots en renouvelant le battage, après plusieurs intervalles, et en chargeant fortement les fondations avant d'y assoir les constructions; on diminue par là une partie du danger, mais on n'en détruit pas entièrement la cause; aussi arrive-t-il souvent des affaissemens, sans grand inconvénient, quand ils sont légers et surtout uniformes, mais qui nuisent toujours à la solidité des ouvrages; et on peut dire en général que les piles de la plupart des ponts doivent plutôt leur stabilité aux crèches, qui enveloppent les fondations et maintiennent le terrein sur lequel elles reposent, qu'aux pieux eux-mêmes.

plus haut, c'est-à-dire, qu'ils reposent sur des bancs impénétrables.

On fera remarquer ici, au sujet de ce système de fondations, que pour les grandes constructions, la rencontre des bancs impénétrables par les pilots (qui seule peut donner une garantie suffisante contre tout tassement) n'est un avantage réel, que quand elle a lieu uniformément sur toute l'étendue des fondations; car rien n'est plus dangereux que les inégalités de résistance, et cependant rien n'est plus commun dans les pilotis; ce qui s'explique facilement par les irrégularités si fréquentes dans la composition des terreins de toute nature qu'ils traversent, et dans la hauteur des bancs de pierre sur lesquels ils s'appuient, ainsi que par la rencontre des blocs, souvent disséminés à diverses profondeurs, principalement dans le fond des vallées, où s'établissent ordinairement les ouvrages hydrauliques.

Il résulte de ce qui précède que les pilotis sont en général un moyen peu certain pour garantir les fondations des grandes constructions, contre tout tassement et surtout contre les inégalités de tassement; que la diminution progressive de leur résistance, et la facilité que présentent leurs pointes pour pénétrer le sol, sont les causes des affaissemens fréquemment observés dans les ouvrages hydrauliques; et que quand ces ouvrages sont bien assis sur le terrein, les pilots ne servent plus que dans les cas d'affouillemens au-dessous des plate-formes; mais comme on doit toujours, quand on a à craindre cet effet, s'en garantir par des encéintes en pieux et palplanches, on peut dire qu'avec ces précautions, les pieux n'ont véritablement plus d'utilité réelle ; d'où il suit que l'on peut s'en passer.

Cette opinion, qui pouvait être contestée, jusqu'à un certain point, tant qu'elle n'était pas appuyée par des faits, a reçu maintenant la sanction de l'expérience, par l'emploi d'un nouveau mode de fondations plus simple et moins dispendieux, dans plusieurs constructions importantes ; on va le faire connaître, après avoir établi les principes généraux sur les-quels il se fonde.

Des fondations sur simples plate-formes en charpente. On a depuis long-temps des exemples de digues, de petits ponts et d'un assez grand nombre de bâtimens fondés sur de simples plate-formes en charpente; c'est principalement sur les terreins mobiles, comme les tourbes, les sables vaseux, etc., dans lesquels on ne pouvait obtenir un refus suffisant pour les pilotis, qu'on avait adopté ce genre de fondations, et il a bien réussi, toutes les fois que ces plate-formes reposaient sur un terrein homogène, dans une assez grande épaisseur, et que les charges qu'elles avaient à porter étaient assez uniformément réparties; mais on n'avait point osé l'employer dans les grands ouvrages hydrauliques.

Des pilots à large base. La première observation qui me fit naître l'idée d'en étendre l'application, est celle que j'eus occasion de faire lors de la démolition de quelques arches du pont de Poissy, dont la construction remonte à environ 400 ans; quelques pieux, placés sous des piles démolies, présentèrent une difficulté extraordinaire à l'arrachage, au point que l'on rompit plusieurs fois les câbles et les chaînes employés à ce travail; pour en connaître la cause, on fouilla profondément à leur pied, et on vit avec étonnement que ces pieux, au lieu d'être affilés par la base et d'avoir le plus grand diamètre en haut, comme les pieux ordinaires, s'élargissaient en descendant; que les parties inférieures se terminaient par de larges bases, réservées dans les souches des arbres dont on les avait formés, et que conséquemment ils portaient par des surfaces planes sur le sol, au lieu de s'appuyer sur des pointes. Il était facile de juger que cette disposition était bien préférable à celle des pilotis modernes, pour la résistance; mais il était évident aussi qu'on ne pouvait placer des pieux de cette manière, qu'au moyen de fouilles profondes et d'épuisemens, ce qui est toujours difficile et dispendieux, et quelquefois impraticable, quand il faut descendre à de grandes profondeurs pour trouver un sol assez résistant.

Comparaison entre ces deux genres de fondations. En comparant ce genre de fondations à celui des simples plate-formes, on voit: 1° que les pieux à large base ont l'avantage, à raison de la profondeur de leur appui, d'être moins exposés aux tassemens et aux affouillemens, mais qu'ils ont l'inconvénient de ne faire porter la charge que sur quelques parties de la surface, et d'exiger des épuisemens et beaucoup de dépenses.

2° Que les plate-formes, plus faciles à établir, ont l'avantage de ré-

partir la pression sur toute la surface du terrain ; mais qu'elles sont exposées aux inégalités de tassement , déterminées par l'inégalité de résistance, si fréquente dans les couches supérieures du sol, et aux dangers
qui résultent des refoulemens latéraux et des affouillemens.

DES FONDATIONS SUR PLATE-FORMES EN BÉTON , DANS DES ENCAISSEMENS EN PIEUX ET PALPLANCHES.

Cherchant à réunir les avantages que présente chacun des deux systèmes dont on vient de parler, et à éviter leurs inconvéniens , je pensai
que l'on y parviendrait en établissant les fondations sans pilots, sur
une couche de béton , suffisamment épaisse, établie sur le terrein dragué de niveau jusqu'au vif, dans l'intérieur d'un encaissement formé
par un vannage de pieux et palplanches, solidement liés et formant une
enceinte générale autour de ces fondations.

En effet, dans ce système, la pression de la charge , répartie uniformément sur la plate-forme de béton , qui fait corps comme une seule
masse, porte également sur tous les points du terrein compris dans
l'enceinte ; ce terrein étant lui-même maintenu de tous les côtés, jusqu'à
une assez grande profondeur, et ne pouvant par conséquent ni s'écarter,
ni être entamé par les affouillemens, transmet uniformément cette
pression aux couches inférieures, qui à raison de leur profondeur et
de leur densité, ne peuvent éprouver aucun tassement ni aucun refoulement.

1ᵉʳ Exemple : Pont de Maisons. — L'expérience a pleinement confirmé ces motifs de confiance ; dès la
fin de l'année 1820, j'avais fait établir dans ce système les fondations
d'un pont en fonte de trois arches, de 25 mètres d'ouverture totale, à l'entrée du parc de Maisons (¹) ; les fouilles des emplacemens des culées

---

(¹) Ce pont est construit dans un nouveau système , dont les principaux avantages
consistent dans la simplicité des formes, la réduction de l'emploi du fer forgé, au minimum , et surtout dans une garantie plus grande que celle d'aucun autre pont de fonte
exécuté en France jusqu'à ce jour, contre les effets des chocs et des vibrations ; cette

et des piles , étant faites jusqu'au niveau des eaux de la Seine (qui est voisine de ce pont), on établit des vannages en pieux et palplanches de 3 mètres de hauteur, rainés et reliés au-dessus de l'eau par de doubles ventrières moisées ; on enleva ensuite le sable vaseux dans l'intérieur de chaque enceinte, sur un mètre environ de profondeur, et on le remplaça par une couche de béton. Comme on était extrêmement pressé par l'avancement de la saison, et obligé de construire sans attendre que le béton eût pris toute sa consistance, je fis établir sur ce béton, par prudence , et afin d'avoir un surcroît de garantie (comme il convient dans tout nouveau système) des plate-formes en bois, composées de racinaux espacés par des intervalles remplis de béton, et qui furent ensuite couverts de madriers jointifs ; les piles de ce pont , élevées immédiatement sur ces fondations, à 9 mètres de hauteur, n'ont pas éprouvé le moindre tassement depuis leur exécution.

Projet du pont de Poissy.

Encouragé par cette expérience, je proposai, dans mon rapport à M. le directeur-général des ponts et chaussées , en date du 26 avril 1824, sur la reconstruction du pont de Poissy, de suivre, pour les fondations des culées et des piles du nouveau pont, un système semblable, mais plus fort, indiqué dans la planche n° 1. Il se compose, suivant le même principe, pour chaque culée et pour chaque pile, d'une enceinte générale, formée par un vannage en pieux et palplanches reliés et maintenus par de doubles ventrières moisantes BB, BB, et d'une plate-forme en béton , établie dans l'intérieur de cette enceinte sur le sol curé au vif, nivelé et consolidé par un lit de pierres fortement pilonnées. Le lit de la Seine ayant en cet endroit peu de consistance, il était nécessaire, pour assurer la résistance des vannages de l'enceinte contre les efforts de la

---

garantie est due principalement à ce que les pièces principales, qui sont composées de lames de champ doubles , ne peuvent vibrer , et à ce qu'étant toutes de largeurs et d'épaisseurs uniformes et ne présentant aucune saillie quelconque, on n'a point à craindre l'effet des fissures insensibles qui sont causées par le retrait du refroidissement, dans les pièces d'inégale épaisseur, et qui , s'ouvrant par l'effet des vibrations ou des chocs , sont la cause la plus fréquente des ruptures et des accidens éprouvés dans ces sortes d'ouvrages.

pression intérieure, de rendre les parois opposées solidaires, en les reliant par des traverses fixées aux deux faces opposées ; mais ce mode présentait dans l'exécution une difficulté assez grande : c'est que ces pièces transversales, fixées aux vannages par leurs extrémités, auraient empêché le tassement, ou bien auraient fléchi ou rompu sous la charge ; pour éviter ces inconvéniens, je proposai d'établir dans l'intérieur de l'enceinte, de deux en deux pieux, de nouveaux pieux isolés C, C, que je nommai pieux directeurs ; ils sont attachés par leur sommet avec les pieux voisins du vannage (dont ils sont distans de 3o centimètres, pour former une sorte de coulisse entre deux) , au moyen de forts boulons qui traversent les têtes de ces pieux et des cales ou coussinets E E , placés dans leurs intervalles : de doubles racinaux D D, sont placés de part et d'autre des deux pieux directeurs correspondans, comme des moises ; mais au lieu d'être boulonnés dans ces pieux, ils le sont seulement entr'eux dans les intervalles, ou coulisses, dont on vient de parler, au moyen de cales F F, qui sont un peu plus épaisses que les pieux, pour qu'ils ne soient point serrés, mais seulement embrassés par ces moises ; par cette disposition, ces racinaux moisans relient solidement les deux parois opposées, et cependant n'apportent aucun obstacle à l'abaissement progressif de la plate-forme par l'effet du tassement, auquel ils peuvent obéir comme les autres racinaux.

Pour les parties de fondations situées en rivière, il fallait, afin d'éviter les difficultés et les dépenses des épuisemens et des caissons, tenir les vannages d'enceinte au-dessus du niveau des basses eaux, et comme ils se seraient trouvés par-là élevés à une hauteur moyenne d'un mètre et demi au-dessus du lit, je proposai de former une forte crêche en établissant un second vannage extérieur G G, et de remplir en béton l'intervalle compris entre deux. La crêche ainsi formée devait : 1° faire fonction de batardeau pour pouvoir poser les plate-formes et les premières assises au-dessous de l'étiage, au moyen d'un simple et léger épuisement dans l'intérieur, et 2° servir à garantir le corps des fondations, parce qu'en cas d'avaries causées par le courant, le vannage extérieur pouvait seul être entamé, et qu'il était toujours facile de le réparer, ou même de le remplacer, sans toucher au vannage intérieur, qui était parfaitement garanti par la chemise de béton.

L'exécution de ce projet étant ajournée faute de fonds suffisans, on n'a pu faire encore à ce pont l'épreuve du système proposé ; mais j'ai eu occasion de faire exécuter depuis ce temps deux constructions importantes, fondées entièrement sur béton, avec et sans encaissement, et je vais en rendre compte.

2ᵉ Exemple : papeterie d'Echarcon.

L'une est la nouvelle papeterie d'Écharcon, construite d'après mon projet, pour la fabrication du papier continu et du papier de qualité ('). Le batiment, qui a près de 100 mètres de façade, est situé en travers de la vallée de l'Essonnes, sur un sol tourbeux de 8 à 9 mètres de profondeur, sous lequel se trouve un lit de glaise variable de un à deux mètres ; au-dessous de cette glaise on rencontre un banc de marne dure, puis viennent des sables qui alternent avec des argiles. Un ingénieur anglais avait donné un premier projet, qui se composait de deux bâtimens séparés, parallèles et entièrement fondés sur pilotis, ainsi que les coursiers des roues hydrauliques, qui devaient être placés entre ces deux bâtimens ; mais le peu de fermeté du sol, même à 12 mètres de profondeur, et l'exemple du tassement extraordinaire qu'avaient éprouvé les constructions de l'ancienne papeterie Didot, située plus bas dans la même vallée, ainsi que la dépense considérable qu'exigeait un pilotis général de cette hauteur, éloignaient de ce mode et en faisaient désirer un plus sûr et moins dispendieux ; je proposai de fonder sur un massif de béton de 4 mètres de hauteur, coulé dans des encaissemens en palplanches, enfoncés à 6 mètres de profondeur, reliés et rendus solidaires par des moyens particuliers ; mais la difficulté de ces fondations étant grave, et

---

(') Cet établissement, conçu sur un plan vaste, avec tous les perfectionnemens mécaniques des meilleures fabriques anglaises, et disposé de manière à remplir le plus parfaitement possible les conditions manufacturières pour l'économie de la main-d'œuvre et pour la perfection des produits, est destiné à devenir une des premières manufactures de la France. Le bâtiment se compose d'un corps principal avec un pavillon saillant sur les deux façades, à chaque extrémité ; l'un renferme trois roues hydrauliques destinées à faire mouvoir douze cylindres, et l'autre un séchoir à la vapeur, et l'atelier de collage ; le séchoir à l'air libre occupe l'étage supérieur. Cette manufacture est située dans la vallée de l'Essonnes, à deux lieues au-dessus du bourg du même nom.

la construction qu'elles devaient supporter fort importante, je désirai
que le conseil d'administration consultât sur cet objet des hommes
éclairés, et je proposai la réunion d'un conseil d'ingénieurs expérimen-
tés; on y appela MM. Cordier, Coïc et Devilliers, tous trois ingénieurs
en chef, d'un mérite distingué et jouissant d'une grande considération
dans le corps, par leurs talens et leur expérience dans les grands travaux hydrauliques. Après avoir discuté ensemble les avantages et les inconvéniens des divers modes d'exécution sur pilotis, par encaissemens par-
tiels, sur grillages en charpente, sur plate-formes générales en béton, etc.,
nos opinions se réunirent en faveur de la proposition faite par M. Coïc,
de fonder sans encaissement, sur un massif de béton qui serait coulé dans
des tranchées ouvertes de toute hauteur jusqu'au terrein solide.

Cette détermination, qui fut adoptée par les administrateurs de l'en-
treprise, se fondait principalement sur l'expérience récente des murs de
quai et des écluses du canal Saint-Martin, fondés avec un entier succès,
l'année précédente, par M. l'ingénieur en chef Devilliers, sur des mas-
sifs de béton, établis dans de simples tranchées, même sans vannages,
quand le terrein était assez ferme et assez homogène.

Les fondations de la papeterie d'Echarcon furent ouvertes en trancheés
verticales, dans la tourbe, sur 1 mètre 25 cent. de largeur, et descendues
jusqu'à 11 et 12 mètres de profondeur, pour atteindre le terrein solide.
Il fallut créer un instrument exprès pour ces fouilles; un grand louchet
mécanique, fort ingénieux, de 12 mètres de hauteur, fut inventé et
établi pour ce travail, par M. de Maupeou, auteur de cette grande en-
treprise, qui a dirigé l'exécution de tous les travaux avec une activité
et une économie extraordinaires, et qui a fait preuve, dans cette direction, de connaissances et de talens fort remarquables; cet instrument a
parfaitement exécuté les tranchées, en enlevant la tourbe et la glaise
molle qui se trouvaient au-dessous, jusqu'à 11 mètres 50 centimètres de
profondeur, en prismes réguliers, qui cubaient un huitième de mètre
cube et pesaient environ 180 kilogrammes; les parois verticales de la
tourbe se conservèrent parfaitement, parce que les tranchées étaient
remplies d'eau (car, dès qu'on en prive la tourbe, elle s'affaisse et s'é-
boule en masse). La glaise ne se maintint pas aussi bien, ce qui occasionna à
la base des tranchées un élargissement, qui, loin d'être nuisible, servit à

donner plus d'empattement à la fondation en béton. (*Voy.* la fig. Ire de la IIe planche).

Le béton, descendu dans des paniers coniques, au moyen de moulinets portés sur des tréteaux à roulettes, et placés à cheval sur les tranchées, était renversé, quand les paniers arrivaient en bas, au moyen de cordelettes attachées à leurs fonds. Les tranchées furent ainsi remplies de béton, par lits successifs d'un demi-mètre de hauteur, jusqu'au niveau des eaux, à 5o centimètres au-dessous de la surface du sol; il s'est bien assis, s'est lié à mesure de l'élévation du massif, et a pris en très-peu de temps une consistance telle, qu'il ne pouvait plus être entamé qu'à la pioche. Au bout d'un mois environ de repos, on a établi les maçonneries des murs sur ces fondations, et on les a élevés par assises régulières; le bâtiment, qui a deux étages au-dessus du rez-de-chaussée, n'a éprouvé, malgré son grand développement, aucun tassement sensible; et depuis plus de deux ans qu'il est terminé, il ne s'est manifesté aucune fissure dans les maçonneries.

Les trois coursiers de front des roues hydrauliques, qui ont chacun 5 mètres 5o cent. de largeur, ont été fondés en plein sur béton, sur la même hauteur, sans aucun vannage ni plate-forme, et établis ensuite en pierres de taille, appareillées avec beaucoup de soin; il ne s'y est manifesté ni tassement ni fissure.

Cet ouvrage est assurément le plus remarquable de ceux qui ont été fondés jusqu'ici sur béton simple, sans aucun appui étranger, et il prouve avec évidence combien ce système de fondations présente d'avantages et de sécurité, quand il est bien exécuté. Il a en outre procuré à Echarcon une économie importante; car cette fondation, qui a employé 7100 mètres cubes de béton, fait en chaux hydraulique et pouzzolane, a coûté environ 165,ooo francs, tandis que la fondation sur pilotis était estimée 3oo,ooo francs.

Ayant eu à faire, pendant l'exécution de l'un des coursiers, une fouille de 4 mètres environ de profondeur avec épuisement, de part et d'autre de la tête de l'une des façades, on vit la fondation à nu sur cette hauteur, et comme le béton s'était moulé contre les parois de la tourbe, qui avait été coupée nettement, et que le mortier avait bien rempli tous les vides des pierres, ce massif parut comme un mur régulier, revêtu d'un enduit général de ciment fait avec soin. On reconnut alors que le béton, ayant pris un retrait sur lui-même, en se consolidant, s'était détaché de la tourbe, et en était séparé par une lame d'eau de 2 à 3 centimètres de chaque côté; en sorte qu'on peut dire que les murs de face de ce bâtiment, qui ont 14 mètres (42 pieds) de hauteur, sont supportés par des murs en béton de 10 mètres (30 pieds) de hauteur moyenne, sur 1 mètre 35 cent. (4 pieds) d'épaisseur seulement, sans autre appui latéral que celui de l'eau des tranchées. (*Voyez* planche II, fig. 1.)

Écluse
du nouveau
port
de
Saint-Ouen.

La seconde construction de grande dimension, dans laquelle j'ai suivi le système des fondations en béton sans pilotis, est la grande écluse du nouveau port de Saint-Ouen (¹), près de Paris, dont le sas a 60 mètres de longueur et 12 mètres de largeur; elle est établie sur le bord de la Seine, et destinée à racheter la différence de niveau entre cette rivière et le nouveau port, qui est d'environ 3 mètres dans les eaux basses.

Le système que j'avais proposé, et qui avait été adopté pour ces fon-

---

(¹) Cet établissement, analogue aux bassins de Londres connus sous le nom de *docks*, a pour but d'offrir, en tout temps, aux bateaux de la Seine, une garre sûre et un port commode, où les marchandises peuvent être débarquées facilement, soit pour rester en entrepôt dans les magasins que les négocians auront la faculté d'établir, soit pour être transportées immédiatement à Paris. Il se compose d'un canal de 600 mètres de longueur et de 50 mètres de largeur, communiquant d'un côté avec la Seine par une écluse, et se terminant par un vaste bassin de 200 mètres de longueur. Les eaux seront maintenues à une hauteur constante au-dessous du couronnement des quais, au moyen d'une roue hydraulique de 12 mètres de diamètre, mue par une machine à vapeur de la force de 40 chevaux, qui y portera les eaux de la rivière. Enfin, de vastes terreins, de larges quais, avec des chemins en cailloutis, parallèles à la direction du canal, et une route pavée, réunissant le port aux routes pavées, du bois de Boulogne à Saint-Denis, et de Paris à Saint-Ouen, complètent l'ensemble de l'établissement, que sa position, à 6000 mètres du centre de la capitale, rendra extrêmement précieux pour le commerce, puisque, pour l'arrivée des produits de la basse Seine et de l'Oise, il présentera un entrepôt parfaitement sûr, et évitera le temps et les frais qu'exigent le trajet de Saint-Ouen à Paris, sur 3 lieues et demie en rivière, avec le passage de six ponts, ou la traversée du canal Saint-Denis, qui a douze écluses, tandis que le port de Saint-Ouen n'en a qu'une seule.

dations, était celui d'une plate-forme de béton encaissée par des vannages en pieux et palplanches, et l'on comptait, d'après les indications
données par les sondages, bétonner et fonder à sec.

Le terrein sur lequel se trouve située cette écluse, est un banc d'argile, maigre dans la partie supérieure, plus grasse dans le bas, où elle
passe au noir et au gris bleuâtre, et reposant sur un lit très-épais de
cailloux roulés et de sable fin.

On avait espéré pouvoir établir la fondation de cette écluse sur la
partie inférieure du banc de glaise, qui devait conserver plus d'un mètre d'épaisseur au-dessous, et être ainsi préservé des inconvéniens que
causent toujours les eaux venant du fond ; mais les inégalités d'épaisseur
du banc, et la pénétration de sa partie inférieure par plusieurs veines accidentelles de sable et de gravier, qui communiquaient avec le banc
perméable du fond, occasionnèrent des bouillons considérables et des filets multipliés d'eau jaillissante, qui présentèrent d'assez grandes difficultés ; la connaissance des moyens employés pour les vaincre pouvant
être utile dans des travaux semblables, et ces moyens se rattachant
d'ailleurs au nouveau système de fondations employé pour cette écluse,
on va en donner une explication sommaire.

La surface inférieure du banc de glaise étant moyennement à 2^m 70
au-dessous du lit de la Seine ; il fallait conserver à ce banc, sous les
fondations du radier, une épaisseur d'un mètre, nécessaire pour résister
à la pression des eaux souterraines, qui était de 3 mètres 70 cent. aux
basses eaux ; on a dû en conséquence se borner à établir les fondations à 2 mètres en contre-bas du lit du fleuve et du busc de l'écluse,
qui devait être au même niveau ; et l'on a donné 50 centimètres de
flèche au radier, 40 centimètres d'épaisseur à la maçonnerie, et 80 centimètres de hauteur à la plate-forme en béton ; en suivant ces proportions (qui étaient celles du projet) on n'eût éprouvé aucune difficulté à
fonder, si le banc de glaise eût été uniforme et compact, comme on
avait été fondé à l'espérer d'après les sondages ; mais deux causes accidentelles produisirent des jaillissemens d'eaux souterraines, qu'il fallut
combattre et enlever par épuisemens.

L'une fut un trou de sonde, qui avait malheureusement été fait dans
le lit même de l'écluse, et n'avait été bouché qu'avec un pilot, qui, s'é-

tant détaché peu à peu, finit par remonter. On tenta vainement pendant plusieurs jours d'arrêter, avec des masses de glaise pénétrées de pierres, ce bouillon, qui avait près de 10 centimètres de diamètre, et qui s'élevait avec une grande force ; et comme il était alors le seul qui parût dans les fondations de la première moitié de l'écluse du côté d'amont, et le seul qui rendît à cette époque les épuisemens nécessaires, il était fort important de parvenir à l'arrêter. Convaincu, par les premières épreuves, que la force de surgissement de ce bouillon et la facilité avec laquelle ses eaux pénétraient entre les terres et les pierres qu'on accumulait sur son ouverture, empêcheraient toujours leur adhérence, je songeai à lui ménager une libre issue, que je pourrais ensuite fermer à volonté, quand le terrein environnant aurait eu le temps de se consolider ; pour y parvenir, je fis faire un tuyau de plomb de 7 à 8 centimètres de diamètre, courbé en syphon ; il était garni à l'extrémité de la branche la plus courte d'un large cône, ou entonnoir en cuivre ; je fis coiffer le bouillon avec cet entonnoir, en l'appuyant avec force au moyen d'une masse de glaise et de pierres préparées autour, et pilonnées avec célérité ; je fis en même temps aspirer par l'autre branche ; l'eau ayant pris aussitôt cette direction, ne faisait plus d'efforts à l'emboîtement de l'entonnoir ; en sorte que l'on put terminer le massif de glaise sans difficulté.

Lorsque ce massif fut consolidé, on devint entièrement maître de diminuer progressivement la sortie des eaux, en redressant graduellement la branche inférieure, et même d'arrêter entièrement l'écoulement, en élevant au-dessus du niveau naturel d'ascension cette branche, dans laquelle l'eau se serait alors mise en équilibre avec la pression des eaux souterraines. Quant aux moyens de la faire disparaître de l'intérieur de l'écluse, lors de l'achèvement du radier, j'avais le choix de la fermer par une forte pression avec une bride en fer (ce qui ne pouvait plus avoir d'inconvénient après la consolidation du béton qui enveloppait sa base), ou de conduire cette branche dans le massif de l'un des bajoyers, et de l'y renfermer ; mais les événemens qui survinrent rendirent superflues ces dispositions, que je ne rapporte ici que parce qu'elles peuvent servir comme exemple d'un moyen à employer dans des cas semblables, pour se rendre maître de bouillons isolés, et pour s'en débarrasser quand ils sont peu nombreux.

La seconde cause des jaillissemens d'eaux souterraines fut la rencontre des veines de sables et de gravier dont j'ai déjà parlé ; ces jaillissemens se montrèrent en si grand nombre dans la partie aval de l'écluse, qu'il fallut renoncer à les arrêter ; l'abondance des eaux qu'ils produisaient fut encore augmentée par les sourdissemens assez multipliés qui se manifestèrent le long des pieux et palplanches des vannages qui avaient percé le banc de glaise.

On pouvait espérer que le béton hydraulique, prenant avec vivacité dans l'eau, suffirait pour arrêter ces eaux jaillissantes ; mais le premier essai qui en fut fait, apprit que les plus petits filets de ces eaux pénétraient avec facilité, en quelques heures, un massif de béton d'un mètre d'épaisseur, et détruisaient autour d'eux toute son adhérence, avant qu'il eût pu prendre corps.

Le parti le plus simple paraissait être de laisser monter les eaux librement dans les fouilles, jusqu'à leur niveau naturel, c'est-à-dire à la hauteur de celles de la Seine, avec lesquelles elles étaient en communication souterraine, d'établir la plate-forme de béton, par immersion, dans cette eau calme; de lui laisser le temps de se consolider, et d'épuiser ensuite jusqu'à la surface, pour y établir les premières assises de maçonnerie. Mais l'avancement de la saison ne permettait pas de disposer de tout le temps qu'auraient exigé ces opérations; il importait beaucoup à la compagnie que la base de cette écluse fût établie dans cette même campagne ; il fallait aussi, dans l'intérêt de l'ouvrage, que le radier fût terminé, et que les bajoyers fussent élevés à une certaine hauteur avant l'hiver, pour que le tassement s'opérât doucement sous les eaux, et surtout pour permettre de reprendre les travaux, de bonne heure, l'année suivante ; ce qui eût été impossible, si le radier n'avait pas été achevé, et les bajoyers assez avancés pour résister à la pression souterraine d'une colonne de 6 à 7 mètres de hauteur, résultante de la différence entre le niveau moyen des eaux de la Seine, au printemps, et le plan des fondations.

Il fallait donc suivre un autre système, qui permît de bétonner et de fonder à sec, sans interruption : on va indiquer le mode d'exécution et la marche qui ont été suivis.

On organisa d'abord un épuisement régulier par une machine à va-

peur, et on s'occupa de compléter les fouilles des fondations et les vannages ; la charge des bajoyers, qui ont 5 mètres 35 centimètres de hauteur, étant beaucoup plus grande que celle du radier, on ne pouvait
songer à les établir, comme lui, sur une simple plate-forme de béton,
de 80 centimètres d'épaisseur ; et même, en augmentant cette épaisseur,
on avait à redouter des ruptures dans le massif de la fondation, par
suite de l'inégalité de pression ; de plus, on devait craindre les refoulemens du lit de glaise, qui pouvaient être déterminés par l'excédant des
charges latérales sur la résistance du milieu, et causer des ruptures dans
le radier. Pour le garantir de ce danger, et pour assurer une résistance
complète sous les bajoyers, j'ai fait établir deux lignes de vannages :
l'une, en dehors des bajoyers, fait tout le tour de l'écluse ; l'autre,
correspondant à leur face intérieure, est recepée au niveau du dessous
des fondations du radier, en sorte que les fondations des bajoyers, bien
que liées à celles du radier par leur partie supérieure (qui forme avec
elles une plate-forme continue), ont leur base établie plus profondément dans un encaissement particulier, qui a permis de creuser plus
bas que les fondations du radier, sans les affaiblir, et qui s'oppose complètement, par la profondeur du vannage intérieur, aux refoulemens
latéraux du sol sous le radier, en même temps qu'il accroît et égalise
la résistance du terrein qui supporte les grandes maçonneries, (Planche II,
fig. 2.)

Il était indispensable de fonder solidement les bajoyers, et de les garantir contre toute inégalité de tassement, parce que les fissures qui en
seraient résultées auraient nui à leur durée et à la conservation des eaux,
et parce que c'était de leur stabilité que dépendait celle des portes, auxquelles ils doivent servir d'appui : chaque ventail de ces portes ayant
7 mètres de longueur, et cinq mètres 40 centimètres de hauteur, et
pesant plus de 8,000 kilogrammes, il fallait que leurs points d'appui
fussent fermes et invariables pour leur conservation, et pour prévenir
les disjonctions qui causeraient des pertes d'eau, d'autant plus fâ-
cheuses, que cette écluse doit être alimentée par une machine à vapeur.

On creusa d'abord l'emplacement du radier, en dedans du vannage
intérieur, à la profondeur requise, en forme cylindrique concave ; une
rigole centrale fut établie suivant l'axe de l'écluse, pour conduire les

eaux jusqu'au puisard de la pompe, et des rigoles partielles d'embranchement furent pratiquées pour y réunir les eaux qui sortaient de toutes parts; mais comme le béton ne peut prendre avec des eaux en mouvement, et qu'il eût été pénétré par les filets jaillissans, si on l'eût mis en contact immédiat avec le sol, je fis couvrir toutes les parties pénétrées par les eaux, d'un lit de pierres meulières, posées à plat jointivement, et disposées de manière à laisser parfaitement libre l'écoulement par toutes les rigoles; la rigole centrale fut couverte d'un chenal renversé, en bois de chêne, solidement assemblé, et on étendit des toiles bitumées sur ce chenal et sur toutes les parties où il y avait des filtrations d'eaux ascendantes. Ces toiles avaient pour but de prévenir l'introduction, entre les pierres, du béton qui aurait obstrué les rigoles, et surtout d'arrêter les eaux qui tendaient à s'élever; le tout étant ainsi disposé, le béton fut placé et pilonné avec soin, successivement, sur toute l'étendue du radier; et il a pris, en peu de jours, une consistance suffisante pour devenir imperméable à toute action des eaux inférieures. La maçonnerie du radier fut posée immédiatement; et quoique l'écoulement des eaux de la rigole ait quelquefois été arrêté par des obstacles accidentels, on n'a aperçu ni affaissement, ni pénétration des eaux sur aucun point de cette maçonnerie, qui a 720 mètres carrés de superficie.

Pour les fondations des bajoyers, on a creusé à soixante et dix centimètres plus bas que les fondations du radier, afin de trouver un fond plus résistant et d'avoir une couche de béton plus épaisse. Comme il y avait de l'irrégularité dans la consistance du sol, qui dans quelques endroits présentait une sorte de glaise fluide, et dans d'autres, des sables bouillans, on fut obligé d'y faire entrer, en les pilonnant, des pierres meulières de fortes dimensions, recouvertes et garnies ensuite d'autres plus petites, également battues, jusqu'à ce que l'ensemble présentât une résistance uniforme et suffisante; une des parties de ces fondations, qui correspondait à une bourdonnière des portes d'aval, étant mobile à une grande profondeur, et n'ayant pu être suffisamment affermie par les battages des pierres, on la couvrit d'une double plate-forme de madriers croisés, qui lui donnèrent, en ce point, une résistance aussi complète que celle des parties où le terrain était le plus solide.

Ces fondations, ainsi disposées, furent garnies de béton de pierre meulière, cassée à la grosseur d'un œuf ; il a été étendu en deux couches, battues successivement avec soin, jusqu'à la hauteur des coussinets du radier. La maçonnerie régulière fut élevée immédiatement sur ce béton, jusqu'à deux mètres de hauteur, dans toute l'étendue des bajoyers et du mur de chute ; elle fut ensuite chargée d'un mètre et demi de pierres, et le tout submergé entièrement pour garantir les nouveaux mortiers de la gelée.

Au printemps, l'écluse ayant été vidée par épuisement, on trouva le radier et les bajoyers parfaitement conservés ; et les vérifications, rapportées aux repères établis sur un grand nombre de points, avec beaucoup de soin, apprirent qu'il n'y avait eu aucun tassement, ni aucun changement de niveau quelconque. Les maçonneries de l'écluse ayant été continuées et achevées l'été dernier, aucun tassement, aucune fissure, ni aucune pénétration des eaux inférieures ne se sont manifestées ; d'où il suit que ces fondations, malgré leur grande étendue, et les obstacles particuliers qui en ont gêné l'exécution, malgré le peu d'épaisseur de couches de béton, et les inégalités du fond, n'ont cédé en aucun point ; qu'elles ont présenté partout une résistance uniforme et complète, et que conséquemment ce mode d'exécution peut être appliqué avec confiance aux plus grands ouvrages.

Les culées du pont de halage élevé à l'extrémité de l'écluse, sont placées en arrière des bajoyers ; elles ont aussi été fondées sur béton, dans des encaissemens formés d'un côté par les faces postérieures des bajoyers, et des trois autres côtés par des vannages ; ces fondations n'exigeaient pas autant de profondeur que celles de l'écluse ; mais comme elles sont assises sur le milieu du banc de glaise, et peu éloignées de la rivière, le fond de l'encaissement a été couvert d'une plate-forme de madriers jointifs croisés pour prévenir plus sûrement les irrégularités de tassement ; ces culées, qui ont près de 9 mètres d'élévation, n'ont fléchi sur aucun point.

On voit dans le dessin n° 1, fig. 2, l'élévation de ce pont avec la projection verticale de ses culées et celle de leurs fondations, indiquées par des lignes très-légères.

Les murs de quai du grand canal et du bassin, qui ont dix-huit cent soixante mètres de développement, sont fondés sur un lit de béton de 0ᵐ 70ᶜ de hauteur, simplement encaissé dans le terrein naturel, dont un dixième est en marne argilleuse, six dixièmes en sable pur, un en gravier et les deux derniers dixièmes environ en argile grise; ces fondations ont été établies dans l'eau, qui pénétrait le sol sur la moitié de leur hauteur; aucune inégalité de tassement, ni aucune fissure ne s'y sont manifestées.

4ᵉ Exemple: manufacture de Boubers.

On peut ajouter à ces exemples, celui d'un 4ᵉ ouvrage, quoiqu'il ne soit pas encore terminé, parce qu'il est propre à faire ressortir l'avantage du mode d'exécution dont il s'agit, dans un cas particulier qui peut se présenter fréquemment.

Il consiste dans l'établissement d'un coursier pour une roue hydraulique, près de l'ancien château de Boubers, converti en manufacture (¹). On creusa, à la fin de l'été, à peu de distance de l'un des pignons du bâtiment, l'emplacement d'un coursier destiné à l'établissement d'une roue hydraulique de 18 pieds de largeur. On commença cette fouille avec l'intention de déblayer jusqu'au niveau du grillage projeté, et de battre ensuite des pilotis sous tous les assemblages; cette fouille devait avoir près de 4 mètres de profondeur; mais lorsqu'on fut descendu à environ 3 mètres, des eaux qui sortaient du fond de la fouille rendant le déblai difficile et incommode, on fit épuiser; alors des bouillons nombreux d'eaux surgissantes, qui amenaient une grande quantité de sables fins (et formaient ce que l'on nomme vulgairement des sables bouillans), se manifestèrent du côté du bâtiment, dont les fondations, établies sur des pilotis très-faibles, se trouvaient déchaussées; la continuation des épuisemens et de l'enlèvement de ces sables déterminèrent un courant continu, et par suite un vide sous ces fondations; alors une partie du mur com-

---

(¹) Cette manufacture, fondée par M. le baron Ternaux, avec une société qu'il a formée, est destinée à l'exécution mécanique de toutes les préparations du lin, qui comprennent l'extraction et la séparation des filamens sans rouissage, le spatulage, le peignage, la filature et le tissage, suivant les procédés pratiqués depuis près d'un an dans les ateliers d'épreuve de Saint-Ouen, avec un entier succès. Ce vaste établissement, monté sur une grande échelle, s'organise sur le domaine de Boubers, près Frévent, dans le département du Pas-de-Calais; il doit produire un abaissement prononcé dans le prix des toiles.

mença à s'affaisser, et des lézardes s'ouvrirent des deux côtés d'un angle du pignon, sur toute la hauteur de la façade.

Dans cet état de choses, appelé au commencement d'octobre pour donner mon avis, je fis cesser de suite les épuisemens; puis, après que l'on eut relié les murs par des tirans et des ancres, et consolidé le mieux possible les parties ébranlées, en les étayant, je fis établir immédiatement, sur une ligne parallèle au pignon, et à 2 mètres de distance, un vannage destiné, 1° à maintenir et à encaisser le sol qui portait les vieilles fondations; 2° à arrêter la sortie des sables de dessous le bâtiment, pendant les opérations subséquentes qui pouvaient encore exiger des épuisemens momentanés; 3° à servir d'appui au pied des maçonneries, qu'il fallait faire pour reprendre et consolider les fondations du pignon en sous-œuvre; et 4° à former l'un des côtés de l'enceinte du radier.

Le danger ayant été arrêté par ces mesures, je cherchai à m'assurer de la nature et de la résistance du sol, en faisant battre un pieu de 8 mètres et demi de hauteur; mais n'ayant obtenu qu'une résistance très-imparfaite à cette profondeur, et jugeant, par l'ébranlement que le battage causait sur ce sol, et par le temps qu'exigerait la totalité des pieux à enfoncer à plus de 10 mètres de profondeur, qu'il y aurait du danger pour le pignon, et impossibilité d'établir les fondations du coursier avant l'hiver, je proposai de renoncer aux pilotis, et de fonder sur béton par immersion, après un draguage suffisant et la consolidation du fond par un lit de pierres pilonnées avec soin; cet avis ayant été adopté, on s'est occupé immédiatement de compléter l'encaissement du radier par un vannage général (celui qui venait d'être battu du côté du pignon formant un des côtés de l'enceinte). Ce battage avec des sonnettes de petite dimension, et à demi-refus (qui est suffisant pour les vannages), ayant été fait rapidement et sans causer d'ébranlement, on a établi le lit de béton, qu'on a laissé prendre dans l'eau calme; on n'a eu besoin d'épuiser ensuite que jusqu'au niveau de ce béton, pour placer le grillage et la plate-forme en charpente, et on n'avait plus à craindre alors, ni les bouillons, dont l'effet était annulé par la pression du béton, ni la sortie des sables bouillans de dessous les fondations du pignon, ce mouvement étant arrêté par le vannage qui lui est parallèle, ni enfin les refoulemens que pouvaient causer les charges des constructions exté-

ricures au radier, l'encaissement général des vannages s'opposant suffisamment à cette action. On est parvenu à achever ce travail facilement,
et sans danger, dans le mois de décembre; les fondations n'auront
point à souffrir des gelées d'hiver, le béton étant mis à l'abri de cette
action par l'eau qui le couvre, et y acquérant sa consistance aussi bien
dans cette saison qu'en été.

Cet exemple est cité ici, quoique cet ouvrage ne soit pas encore entièrement achevé, pour faire connaître que le mode de fondation sur
plate-forme de béton est souvent utile pour éviter les dangers, que l'emploi des pilots produit ou aggrave par l'ébranlement inévitable qui résulte de leur battage, et qu'il a encore l'avantage de dispenser des
épuisemens, quand ils sont dangereux ou d'une exécution trop difficile.

Résumé.   En résumé, les succès obtenus dans les fondations de quatre ouvrages importans, de nature diverse, exécutés depuis 1820, sans pilotis,
dans quatre sortes de terreins fort dissemblables, avec des dispositions
et des conditions spéciales pour chacun d'eux, et avec des moyens d'exécution fondés sur les mêmes principes, mais fort différens dans les applications, et l'exemple de plusieurs parties du canal Saint-Martin,
déjà citées dans cette notice, paraissent suffisans pour autoriser à con-
clure que le système de fondations sur des plate-formes en béton, exé-
cutées avec les précautions convenables, et bien encaissées, est bon, sans
danger, généralement applicable à presque tous les ouvrages hydrauliques, et qu'en définitif ce système mérite la préférence sur celui des
pilotis, qui sont en général moins sûrs, plus longs à exécuter, plus
dispendieux, d'une exécution plus difficile dans beaucoup de terreins,
dangereux dans quelques-uns, quelquefois même impraticables, et qui
ont de plus l'inconvénient de consommer une quantité considérable de
bois précieux de grande dimension, qui deviennent de jour en jour
plus rares et plus chers (¹).

(¹) J'apprends, au moment de publier cette Notice, que des applications des plate-
formes en béton, aux fondations des grands ouvrages hydrauliques, ont été faites depuis
quelques années, avec un entier succès, par plusieurs ingénieurs éclairés et bons
praticiens, notamment par M. Frimot, dans le département du Finistère, et par
M. Mossé, au canal de Monsieur.

Le succès des fondations sur plate-formes en béton, dont on vient de citer plusieurs exemples, dépendant en partie de la bonté du béton, il peut être utile de donner ici les résultats des expériences faites en grand sur sa composition et sur ses manipulations, dans les constructions dont on a rendu compte dans cette notice.

DES BÉTONS.

Composition des bétons.

Les bétons, semblables aux pouddings et aux brèches naturels (qui sont composés de cailloux ou d'éclats de roche, agglomérés et fortement liés par un ciment calcaire ou siliceux) se composent de cailloux ou de fragmens de pierres, réunis dans une pâte de mortier et formant corps avec lui, par la force de cohésion et par l'adhérence qu'ils contractent avec la chaux, qui en est une partie intégrante; on emploie ordinairement pour les bétons les cailloux roulés et le gravier de fouille ou de rivière, parce que ce sont les matières les moins coûteuses; mais les pierres, et surtout les pierres cassées convenablement, sont bien préférables, parce que leurs surfaces vives, irrégulières, ou grenues, présentent plus de facilité pour la prise du mortier, et que les fragmens irréguliers s'engagent, se serrent et se lient plus facilement ensemble, comme on le voit dans les chaussées en empierrement; tandis que les formes arrondies et les surfaces dures et lisses, des cailloux roulés et du gravier, sont des obstacles à leur réunion en corps et à l'adhérence du ciment.

Parmi les pierres cassées, les meilleures sont les plus poreuses, comme les pierres meulières, parce qu'indépendamment de l'avantage de leur irrégularité pour l'union avec le mortier, sous le rapport mécanique, il y a encore une grande multiplication de points de contact, qui favorise beaucoup la puissance de l'action chimique, action de laquelle dépendent surtout la bonté et le durcissement des mortiers; comme l'a prouvé avec évidence un ingénieur d'un grand mérite, qui a rendu d'éminens services à l'art des constructions, par des recherches multipliées, faites avec des soins et une sagacité extraordinaires, et par des instructions lumineuses (¹).

Le mortier qui sert à la liaison du béton se fait comme le mortier ordinaire, et exige les mêmes manipulations ; il est sans doute inutile de faire observer ici que sa bonté exige que le sable soit le plus vif et le plus pur possible ; la même observation s'applique aux cailloux, aux pierres et au gravier qui entrent dans les bétons.

Il arrive quelquefois que l'on trouve un mélange naturel de cailloux, de gravier et de sable dans des proportions convenables, ce qui dispense de faire le mortier séparément ; on se borne alors à ajouter à ce mélange la chaux à l'état liquide, et à la faire pénétrer par la trituration ; c'est ainsi qu'a été faite la majeure partie des bétons employés aux travaux de Saint-Ouen, où on a trouvé sur place un banc de gravier excellent.

Les principes pour les proportions des matières sont les mêmes que ceux du mortier, c'est-à-dire, que la chaux doit entrer dans la composition, dans la proportion exactement nécessaire pour envelopper d'une couche fort mince chaque parcelle de sable et chaque fragment de pierre, parce que c'est elle qui doit devenir leur lien commun ; ainsi, quand il n'y a pas assez de chaux pour enduire légèrement toutes les surfaces, ou lorsque la manipulation n'est pas assez bien faite pour assurer complètement cet effet, les parties qui n'ont point été imprégnées de chaux ne peuvent contracter de liaison et se touchent sans union ; d'un autre côté, lorsqu'il y a trop de chaux, les parties où elle abonde ne se lient jamais aussitôt, ni aussi fortement que celles où il y en a

---

(¹) Les ouvrages de M. l'ingénieur en chef Vicat, publiés jusqu'à ce jour, sont tous du plus grand intérêt ; ils se composent, 1° d'une première Notice sur les chaux de construction, les bétons et les mortiers ordinaires ; 2°, d'une seconde Notice sur la fabrication et sur l'emploi du mortier à chaux hydraulique ; et 3° d'un Résumé des connaissances positives actuelles sur les mortiers et sur les cimens calcaires, qui vient de paraître. (Chez Carillan-Gœury, libraire des ponts et chaussées.)

C'est dans ces ouvrages que l'on peut puiser les meilleurs principes sur la fabrication des mortiers et des bétons hydrauliques.

moins, parce que le durcissement dépend surtout de la combinaison chimique de la chaux avec les substances qu'elle enveloppe, et que la chaux, qui n'est point en contact immédiat avec elles, ne peut durcir au même degré.

La conclusion naturelle de ces principes est que les proportions de chaux, de sable, de cailloux, de gravier, ou de pierres, ne peuvent être soumises à des règles générales, et qu'il faut les déterminer, pour chaque localité, par des expériences faites avec les matériaux que l'on doit employer.

Le volume des vides à remplir, dans le sable par la chaux liquide, et dans les pierres ou les cailloux par le mortier, peut être donné exactement par la mesure du volume d'eau nécessaire pour l'imbibition complète de ces substances; mais il faut remarquer que la chaux liquide et le mortier étant beaucoup moins fluides que l'eau, il en faut davantage pour enduire également toutes les surfaces, et que les manipulations entraînent toujours un déchet, dont il faut nécessairement tenir compte.

Ainsi, par exemple, à Saint-Ouen, 1 mètre cube de sable de mine, assez pur et bien sec, a absorbé $0^{m.c.}$ 375 d'eau, et a tassé de $0,^{m.c.}$ 007; et dans la fabrication du mortier, il a fallu $0^{m.c.}$ 50 de chaux liquide, c'est-à-dire, $\frac{1}{3}$ en sus du volume d'eau (^{1}); il en est résulté, après la trituration, un cube de mortier de $0^{m.c.}$ 95, ce qui donne $0^{m.c.}$ 55 pour réduction des cubes par la pénétration des matières. De même, pour le béton fait avec du gros gravier passé à la claie, un mètre cube de ce gravier, qui ne pouvait absorber que $0^{m.c.}$ 40 d'eau, a employé $0^{m.c.}$ 48 de mortier; le cube du béton obtenu étant de $1^{m.c.}$ 34, il y a eu réduction de $0^{m.c.}$ 14, par la pénétration. Ce béton, mis en place, a été ré-

---

(^{1}) Le mortier destiné au béton doit toujours contenir plus de chaux que le mortier destiné aux maçonneries, parce qu'il faut que toutes les surfaces des pierres cassées ou des cailloux puissent en être enduites, aussi bien que le sable. Ainsi, à Saint-Ouen, on mettait deux parties de sable contre une de chaux liquide, pour les mortiers à béton, et deux parties et demie de sable pour les mortiers destinés aux maçonneries.

duit d'un 24ᵉ par un premier pilonnage, et d'un 90ᵉ en sus par un deuxième pionnage,

Quant au béton fait avec de la meulière cassée à la grosseur d'un œuf, un mètre cube de ces pierres, qui ne pouvait absorber que 0ᵐ·ᶜ· 45 d'eau, a employé 0ᵐ·ᶜ· 50 de mortier ; le cube du béton obtenu étant de 1ᵐ·ᶜ· 15, il y a eu réduction de 0ᵐ·ᶜ· 35 par la pénétration. Ce béton mis en place a été réduit d'un 12ᵉ par un premier pilonnage, et d'un 44ᵉ en sus par un deuxième pilonnage.

<table>
<tr><td>Observations
sur l'emploi
des chaux
hydrauliques,
et sur
leur mélange
avec
les chaux
communes.</td><td>

La chaux employée dans la fabrication des bétons de Saint-Ouen n'était point de la chaux hydraulique pure ; elle était composée d'un mélange de chaux hydraulique artificielle de MM. Saint-Léger et Briant, et de chaux commune de Nanterre : ce mélange était des ⅔ de la première et d'un tiers de la seconde pour les canaux et les bassins ; pour l'écluse, il a été de ¾ de chaux hydraulique, avec ¼ de chaux de Nanterre.

Deux motifs m'ont déterminé à adopter ce mélange ; l'un était l'économie importante qui devait en résulter pour la compagnie, et l'autre le besoin d'éviter les inconvéniens que font éprouver dans les maçonneries de grandes dimensions la prise trop prompte, ainsi que la sécheresse des mortiers faits avec des chaux éminemment hydrauliques.

Ce deuxième motif est fondé sur l'opinion où je suis, qu'il suffit que les mortiers soient suffisamment hydrauliques pour prendre consistance dans l'eau et pour n'être point altérés par son action ; et que sous le rapport des tassemens progressifs, inévitables dans les grands ouvrages, et sous celui de l'imperméabilité, qui était une condition indispensable des maçonneries du port de Saint-Ouen, la conservation d'un peu de flexibilité dans les mortiers était plutôt un avantage qu'un inconvénient. Mais, malgré tout ce que ce raisonnement présentait de plausible, et malgré mes motifs de confiance dans cette opinion, puisés dans des observations que j'avais eu occasion de faire dans mes travaux, je ne voulus point faire d'application en grand de cette innovation, sans m'être rendu compte avec soin des effets qu'elle pourrait produire avec les matériaux dont je pouvais disposer ; dans ce but, j'ai fait au commencement des travaux une série d'expériences nombreuses sur plu-</td></tr>
</table>

sieurs espèces de chaux hydrauliques et ordinaires , sur leur emploi à l'état pur et mélangé de deux et de trois espèces dans des proportions variées, et sur leur emploi en bétons, qui ont ensuite été éprouvés à l'air et dans l'eau.

Les chaux hydrauliques, soumises à ces essais, étaient 1° celle de Montalais près Meudon, fabriquée avec de la craie et de l'argile plastique, suivant les procédés de M. Vicat, par MM. Saint-Léger et Briant ; 2° celle de Pantin, fabriquée avec une marne naturelle par M. Dumoutier ; et 3° celle d'Echarcon, fabriquée avec de la chaux grasse du pays, cuite, et de l'argile, par M. de Maupeou ; les chaux ordinaires étaient celles de Nanterre, de Châville, de Rambouillet, de Poissy, de Survilliers et de Vernon.

Il est résulté de ces épreuves, que parmi des bétons faits avec des mélanges de chaux hydraulique et de chaux ordinaire, les meilleurs , c'est-à-dire ceux qui ont acquis un durcissement prononcé et progressif le mieux caractérisé, sont ceux dans lesquels entraient, comme parties intégrantes , la chaux de Montalais et la chaux de Nanterre : lorsque cette dernière entrait pour ⅓ , le durcissement était lent ; il était plus rapide et plus prononcé quand elle n'entrait pour le mélange que pour un quart; cette dernière proportion a été suivie pour les bétons et maçonneries de l'écluse : celle d'un tiers a été employée pour tous les murs de quai.

L'expérience a pleinement confirmé la bonne opinion que j'avais de ce mélange : le premier avantage qu'il a produit a été de rendre la fusion de la chaux hydraulique plus régulière , plus complète, et meilleure ; on sait que les chaux de ce genre ont une fusion lente et difficile , qu'elles développent peu de chaleur, et que si on les trouble, ou qu'on y jette de l'eau pendant que la fusion s'opère , elle est très-imparfaite et donne de la chaux de mauvaise qualité, et qu'en général on trouve souvent, surtout dans les chaux artificielles, des parties qui ne fusent pas ou qui fusent mal, qu'on est obligé de rejeter. Ces inconvéniens ont presqu'entièrement disparu par l'addition de la chaux ordinaire , mélangée avant la fusion ; elle lui a donné plus d'énergie, et l'a rendue plus égale et plus complète, ce qui a beaucoup contribué à la bonté des mortiers, qui dépend essentiellement du degré de division de la chaux.

La conservation parfaite de toutes les maçonneries de l'écluse et des murs de quai, depuis un an à l'air et sous l'eau, et l'absence de toute fissure, malgré les grandes dimensions de l'écluse et l'étendue des murs de quai (quoique tous ces ouvrages soient fondés sur de simples plateformes de bétons faits avec la même chaux et reposant sur le terrein naturel), prouvent avec évidence que les mortiers, qui ont servi de liaison, étaient de bonne qualité, bien faits, et que leur composition était convenable pour un ouvrage de ce genre.

Quant à la force de cohésion de ces mortiers, elle a été suffisamment constatée par les démolitions faites dans quelques parties des murs et des bajoyers exécutés depuis un an, dans lesquels on a vu plusieurs fois les pierres rompre plutôt que de se séparer du mortier, et par deux tranchées d'un mètre de profondeur sur près de deux mètres de longueur, ouvertes dans la base des bajoyers, et dans lesquelles les assises supérieures, qui en formaient les plafonds, se sont conservées intactes, sans la moindre gerçure, pendant plus d'un mois, quoiqu'elles fussent chargées de quatre mètres et demi de hauteur de maçonnerie, et que, privées de tout appui, elles ne se soutinssent que par l'adhérence du mortier.

Manipulation des bétons.

Il reste à parler de la manipulation des bétons; la méthode qui a le mieux réussi est celle du mélange des matières sur des plateaux en planches, de sept mètres de longueur sur une largeur de deux mètres, avec des griffes en fer à trois dents recourbées, qui pèsent trois kilogrammes, à l'imitation du procédé suivi à Echarcon, où il avait été organisé par M. de Maupeou; on commence par placer au sommet d'un plateau les matières composantes nécessaires pour la formation d'un demi-mètre cube de béton: on les mélange d'abord à la pelle, puis trois hommes se placent en avant du tas avec des griffes: ils tirent à eux à coups redoublés, pendant que deux autres relèvent derrière avec des pelles; ils descendent ainsi le tas jusqu'en bas du plateau; alors les griffes changent de position avec les pelles, et on reconduit le béton en haut du plateau par une manœuvre semblable à la première, exécutée en sens contraire le béton ainsi fabriqué est bien mélangé et de bonne qualité.

Cette méthode est avantageuse, surtout en ce qu'elle assure, mieux qu'aucune autre, le mélange complet des matières, indépendamment de la négligence et de la paresse des ouvriers; car par ce procédé ils peuvent perdre du temps en conduisant trop lentement le béton ; mais comme on ne l'emploie jamais qu'après qu'il a été conduit deux fois par les griffes sur la longueur entière du plateau, sa manipulation est toujours uniforme et toujours également bonne. Les autres modes de fabrication ont donné constamment du béton de qualité inférieure à celui des plateaux. M. Gingembre fils a imaginé pour cette fabrication une machine assez semblable à l'équipage usité en Angleterre pour la manipulation du mortier, lequel se compose d'un tonneau debout, dans lequel se trouve un agitateur formé d'ailettes ou de battes portées par un axe vertical, mais avec cette différence, que le tonneau à béton placé presqu'horizontalement, tourne sur son axe, et que ses battes n'ont d'action que par leur poids. Cette manipulation est plus rapide et un peu moins coûteuse que celle des plateaux; mais les matières roulant simplement sur elles-mêmes, le mélange est moins parfait, faute de massivation suffisante. Il y a la même différence entre ce béton et celui fait sur les plateaux, qu'entre le mortier fait à la machine anglaise et ceux qui sont faits à la main ou avec des manèges, où il y a toujours plus de massivation réelle.

Le mètre cube de béton, fabriqué au plateau, avec du caillou pris sur place, dans les proportions indiquées ci-dessus, à coûté 16 francs au port de Saint-Ouen, compris toutes fournitures, manipulation et emploi avec pilonnage à sec, c'est-à-dire sans immersion.

Le béton d'Echarcon a été fait dans d'autres proportions ; le sable étant de mauvaise qualité, on y a remédié en ajoutant de la pouzzolane artificielle, fabriquée par MM. Saint-Léger et Briant, sur les lieux; il est composé :

D'une mesure de chaux hydraulique pure,

D'une mesure de pouzzolane,

De deux mesures de sable,

Et de quatre mesures de pierre meulière cassée.

Le mélange de la chaux, de la pouzzolane et du sable produisait environ trois mesures de mortier, qui, mélangées avec quatre mesures de pierres cassées, donnaient un cube de béton d'un peu plus de six mesures ; il y avait donc réduction d'environ un septième par la pénétration des matières, et par le déchet de l'emploi; le prix de ce béton en place a été d'environ vingt francs le mètre cube, savoir: dix-sept francs pour four-

niture des matières composantes et transport sur place , et trois franc
pour frais de main-d'œuvre, de fabrication et d'emploi.

Ce béton ayant été immergé en tötalité, il n'y a point eu de pilonnag
à faire ; mais il s'est manifesté un danger d'un genre nouveau, qui mé
rite d'être signalé aux constructeurs.

Précautions
à prendre dans
l'emploi
des bétons
immergés
en grandes
masses.

Le béton descendu avec soin, comme on l'a expliqué précédemment
dans des paniers coniques, renversés seulement à l'endroit où il devai
être déposé, était délayé le moins possible, et, comme on le plaçait pa
couches régulières de peu de hauteur et pour ainsi dire par assises, o
croyait pouvoir compter sur une solidification générale et parfaitemen
uniforme ; cependant lorsque la tranchée fut bétonnée au tiers d
la hauteur, on s'aperçut, près d'un des angles, en sondant pour re
connaître l'état et la prise des couches inférieures, qu'une partie d
béton placé était moins ferme que le reste, et présentait une sorte d
flexibilité ; l'ayant entamé, on trouva, après avoir percé au trépan un
couche déjà consolidée, une masse assez étendue d'une matière moll
demi-fluide, composée presqu'entièrement de chaux, de pouzzolane e
de sable, qui avait assez de consistance pour porter la couche supérieur
de béton, et qui s'était ainsi logée entre deux assises.

Il est probable que cette matière provenait des débris du mortier
entraînés par l'action du lavage inévitable dans les immersions, et qu
ces substances s'étaient réunies et agglomérées par une sorte d'attractio
et par leur fluidité.

On eut grand soin d'enlever au louchet toute cette masse fluide, jus
qu'au béton vif, et on fit enlever de même plusieurs masses semblable
qui se formaient de temps en temps, et qu'on trouvait facilement
parce qu'on avait reconnu que ces substances, poussées et accumulée
à mesure qu'une couche s'avançait, allaient se réunir à son extrémité
dans quelqu'un des angles de tranchées.

Ce danger ne peut exister que dans les bétonnages par immersio
d'une certaine hauteur ; n'en connaissant point d'autre exemple, o
ignore si cet effet peut être produit également par les mortiers qui n
contiendraient pas de pouzzolane ; et si cette substance n'est pas une de
causes principales de ce qui est arrivé dans les bétonnages d'Écharcon

Emplois divers des bétons dans les constructions ordinaires.

Les bétons peuvent encore être employés avec un grand avantage pour remplacer la maçonnerie ordinaire dans les fondations des murs et des bâtimens, presque jusqu'au niveau du sol, parce que, prenant en masses, ils présentent une résistance plus uniforme que la maçonnerie, et qu'il en résulte de la célérité dans l'exécution, et une grande économie de matériaux et d'argent; on peut, quand les fondations ne sont pas pénétrées d'eau, se borner à faire ces bétons avec de la chaux ordinaire; dans le cas contraire, il faut employer au moins la moitié de chaux hydraulique ; si le terrein du fond de la fouille est mou ou inégal, il faut toujours commencer par lui donner une consistance uniforme, en le pénétrant d'eau abondamment, et en y pilonnant ensuite de la pierre brute, sur laquelle on étend le béton par assises régulières de 3o à 4o centimètres, que l'on pilonne fortement. Quand les bâtimens ne sont pas considérables et quand les inégalités de consistance sont légères, . on peut se contenter d'étendre sur le fond, avant de placer le béton, un lit de 3o à 4o centimètres de sable, que l'on mouille et pilonne, et qui égalise assez bien la résistance. Quand le terrein est ferme et égal, et quand la charge n'est pas très-forte, on peut faire le béton simplement en sable et chaux, sans pierres ni caillou; alors il peut se faire au manége, et coûte moitié moins de façon.

On peut encore employer le béton dans le corps même de maçonneries épaisses, appuyées latéralement contre le sol, en se bornant à faire le parement de face en pierres maçonnées, qui se lient bien avec le béton; on a exécuté de cette manière la base des murs de quai du bassin et des canaux du nouveau port de St.-Ouen; et on a ainsi économisé beaucoup de pierres, sans nuire à la solidité.

Quand on n'a pas de chaux hydraulique, ou que l'importance de la construction ne mérite pas la dépense qu'exige ordinairement cette chaux, on peut se contenter de mêler un peu de cendres ordinaires avec la chaux grasse : elles lui donnent la propriété hydraulique ; la proportion est d'un 5ᵉ à un 1oᵉ, selon la nature de la chaux et la qualité des cendres; on peut même mêler à la chaux, sur tout pour les fondations, ce que l'on nomme cendres de fours à chaux, qui est un mélange de chaux et de cendres; c'est la propriété de ce mélange qui a fait la réputation de quelques chaux sous le nom de cendrée.

DEUXIÈME PARTIE.

DE LA PERTE DES EAUX SOUTENUES ARTIFICIELLEMENT, ET DES MOYENS D'Y REMÉDIER.

Observations et principes généraux sur la perméabilité et sur les filtrations.

Les eaux, soutenues artificiellement au-dessus des niveaux naturel ou au-dessus du sol environnant, tendent toujours à s'échapper, et ne peuvent être retenues que par l'imperméabilité des bassins ou canau qui les contiennent; quand ces bassins et canaux se trouvent situés da un terrein naturellement imperméable, l'art n'est point nécessair mais dès qu'il y a perméabilité, il faut employer des moyens particu liers pour y remédier; et on ne peut se dissimuler que cette partie l'art de l'ingénieur est une des moins avancées, puisque l'on voit sa cesse des accidens et des dommages causés par l'insuffisance des pr cautions prises, même à grands frais, pour contenir artificiellemen les eaux.

La recherche des moyens, propres à remédier aux pertes des eau doit naturellement être précédée de l'étude des causes et des effets la perméabilité; et, pour ce motif, je présenterai d'abord le result de mes observations et de mon expérience sur ce sujet.

On peut diviser les terreins perméables en deux grandes classes, dor la première comprendrait les sols sans cohésion, composés de part cules mobiles, plus ou moins homogènes, comme les graviers, les sable les terres végétales, etc. , ainsi que les mélanges de ces diverses subs tances, et dont la seconde comprendrait les matières compactes, divi sées irrégulièrement par des veines, des fissures, etc. , comme les banc de pierres et de roches de toute nature, les craies, les marnes, les a giles, etc.

La pénétration des eaux, à travers ces divers terreins, se fait de deu manières différentes; dans les premiers, elle s'opère par une multitud de filets très-fins, et pour ainsi dire capillaires, qui s'insinuent entr les particules de terre ou de sable, et il résulte de la grande subdivisio de ces filets, de leurs irrégularités, de leurs déviations et de leurs croi semens en tous sens, que les eaux pénètrent ces terreins lentement e sans vitesse, et que, par cette raison, elles déposent dans la couche supérieure les substances qu'elles tiennent en suspension. Plus les parcelles de ces terreins sont grosses, plus les dépôts s'enfoncent profondément, et plus elles sont fines, plus les dépôts sont superficiels.

Dans les terreins de la deuxième classe, les eaux, suivant les veines et les fissures qui subdivisent les masses, y coulent par lames ou par filets continus, et quelquefois par nappes, dont les dimensions varient à l'infini : elles y prennent une vitesse, relative à la régularité et aux dimensions des intervalles par lesquels elles s'écoulent, mais toujours beaucoup plus grande que dans les terreins de première classe ; aussi les filtrations des eaux, dans ces sortes de terreins, y laissent-elles rarement des dépôts, les vases et les limons étant facilement entraînés par ces petits courans, pour ainsi dire réguliers, comparativement aux filtrations capillaires.

Le même effet a lieu, d'une manière encore plus prononcée, entre les faces de contact des bancs de terres, ou de pierres de diverse nature, parce qu'à moins de transitions graduées de l'une à l'autre substance, ce qui est très-rare, il y a dans ces passages une solution de continuité et des divisions, par de larges faces, que les eaux suivent avec beaucoup de facilité, et conséquemment de vitesse : aussi observe-t-on généralement, que c'est presque toujours entre les bancs de composition différente que s'écoulent, avec le plus de facilité, les lames d'eau souterraines, et que s'opèrent les pertes des eaux retenues artificiellement.

Il est facile de juger, d'après cet exposé qui repose sur des faits et sur des observations dont les praticiens reconnaîtront l'exactitude, que les terreins de la première classe, qui ne seraient pas naturellement imperméables, peuvent le devenir par des dépôts successifs, déterminés par le séjour d'eaux vaseuses ; mais que ce même effet est à-peu-près impossible dans les terreins de la seconde classe.

Passant aux applications de ces principes aux ouvrages hydrauliques, tels que les canaux et bassins dans lesquels les eaux sont soutenues artificiellement au-dessus des niveaux naturels, il convient de faire une distinction entre ceux où les eaux sont calmes, tels que des étangs et les pièces d'eau d'agrément, et ceux où elles sont agitées par des variations fréquentes, ou par les mouvemens de la navigation.

Dans les eaux calmes, les dépôts de vases et de limons suffisent pour assurer l'imperméabilité, et même dans les canaux de navigation, les dépôts des eaux troubles peuvent donner une imperméabilité suffisante, quand leur profondeur est telle, que le mouvement des bateaux ne cause pas d'agitation prononcée contre leur fond, et quand ils sont d'ailleurs suffisamment alimentés pour pourvoir aux pertes habituelles des filtrations insensibles; mais lorsque l'alimentation est limitée ou dispendieuse, lorsque des causes accidentelles ou des mouvemens réguliers, comme un service de navigation, peuvent causer de l'agitation dans les eaux, et surtout quand, par le peu de profondeur des canaux et des bassins, cette agitation se communique facilement aux dépôts vaseux qui ne pénètrent qu'à une faible profondeur, ces dépôts ne peuvent plus être considérés comme une garantie suffisante, et il est alors nécessaire d'employer des moyens plus efficaces et plus certains pour prévenir les pertes des eaux, qui renaissent chaque fois que les dépôts sont dérangés.

L'emploi des moyens artificiels pour assurer l'imperméabilité des réservoirs est toujours nécessaire dans les terrains de seconde classe, pour lesquels on compterait vainement sur une obturation complète et suffisante des voies d'eau, par l'effet des dépôts successifs des eaux troubles; parce que, comme on l'a expliqué ci-dessus, les limons fins qu'entraînent les eaux, au lieu de s'arrêter dans les fissures, les traversent, en raison de la rapidité des filtrations, et se rendent avec elles dans les conduits, où elles rejoignent les nappes d'eau naturelles et les courans souterrains.

On pourrait appuyer ces observations par un grand nombre de faits, mais on se bornera à citer ici, 1° l'exemple de plusieurs parties du canal de Saint-Quentin, ouvertes dans des marnes et des craies remplies de fissures, par lesquelles une grande partie des eaux d'alimentation s'est constamment perdue pendant environ dix ans, malgré les divers moyens employés pour remédier à ces pertes, jusqu'à ce qu'on se soit décidé à faire faire une cuvette projetée en maçonnerie, et qui s'exécute actuellement en béton; 2° les pertes semblables éprouvées dans plusieurs sections du canal de l'Ourcq, jusqu'à l'établissement de cuvettes en glaise et en terre franche, d'un mètre d'épaisseur.

5

Il peut être utile ici de prévenir les personnes qui n'ont pas de connaissances spéciales dans les travaux hydrauliques, et qui manquent d'expérience sur cette matière, contre les séductions assez naturelles d'apparences dont on doit se défier d'autant plus, que ce qui paraît à ces personnes un motif de sécurité, est précisément pour le praticien éclairé le signe évident du danger. Je veux parler des nappes d'eau souterraines que l'on rencontre assez fréquemment dans les fouilles des canaux et des bassins artificiels : si ces nappes prennent dans les fouilles un niveau égal à celui de la retenue qu'on veut opérer, il n'y a certainement qu'avantage dans leur rencontre ; elles servent alors à alimenter le canal ou le bassin, et sont un véritable secours ; mais lorsque le niveau habituel de ces eaux est inférieur à celui de la retenue projetée, ce serait en vain qu'on espérerait maintenir au-dessus du premier niveau un volume d'eau amené artificiellement ; car la constance dans la limite de l'élévation de la nappe, malgré les tributs qu'elle reçoit constamment par les sources naturelles et par les filtrations des eaux pluviales, prouve avec évidence qu'à cette hauteur elle trouve un débouché souterrain par lequel s'écoule toute l'eau qui tendrait à s'élever au-dessus de ce déversoir naturel, et il est facile de concevoir qu'un surhaussement artificiel, dans un bassin en communication avec cette nappe, loin de pouvoir se conserver, ne pourrait qu'augmenter, par une addition de charge, la vitesse de l'écoulement souterrain. Il serait insensé de croire que des vases et des limons entraînés par les eaux nouvelles pourraient arrêter un écoulement souterrain de ce genre, parce que, je le répète, les dégorgemens de ces nappes permanentes ne se font pas par de simples filtrations dans des parties perméables, mais par des fissures prononcées, ou par des canaux plus ou moins réguliers ; autrement les passages se seraient bouchés à la longue. Il pourrait arriver cependant que ces conduits s'obstruassent par des éboulemens ; mais comme ils sont ordinairement en assez grand nombre, ces obstructions totales sont des événemens très-rares et presque sans exemples connus.

Il doit paraître maintenant bien démontré qu'il serait très-imprudent de compter sur l'effet des dépôts limoneux pour arrêter complètement ces pertes d'eau ; mais en supposant même, contre toute vraisemblance, que ces dépôts parvinssent à la longue à intercepter la communication des eaux, retenues dans des canaux ou des bassins, avec une nappe d'eau souterraine, cet effet ne serait toujours que précaire; car, indépendamment d'une foule de causes accidentelles qui peuvent déranger ou percer le dépôt, qui a toujours peu de consistance, il arriverait que chaque fois que l'on abaisserait les eaux de la retenue, pour des réparations ou d'autres motifs, la nappe d'eau souterraine n'étant plus soumise à la même pression, et réagissant par action de syphon, surgirait, en écartant sans peine les dépôts superficiels, et rétablirait les communications et les pertes.

Ainsi, sauf les cas particuliers et extraordinaires d'égalité ou de supériorité des niveaux naturels, relativement aux niveaux artificiels, la rencontre de ces nappes dans les canaux et bassins de retenue, loin d'être un avantage, présente presque toujours un danger manifeste, dont on ne peut éviter les conséquences, qu'en s'opposant à toute libre communication, et alors il faut non-seulement empêcher toute filtration des eaux supérieures, mais encore assurer à la nappe souterraine un écoulement libre et inférieur au fond du canal ou des bassins, afin de prévenir l'action de syphon dont on vient de parler, qui, sans cette précaution, serait dangereuse pour les ouvrages de garantie, toutes les fois qu'on mettrait les eaux basses (¹).

<table>
<tr><td>Des moyens
de remédier
à la perte
des eaux.</td><td>

Maintenant il reste à examiner quels sont les moyens les plus efficaces pour prévenir les pertes des eaux à travers les terreins perméables : ceux qui ont été éprouvés jusqu'à ce jour sont de trois sortes, les glaisages, les revêtemens en maçonnerie et les bétons hydrauliques.

La glaise est employée de temps immémorial pour cet usage, soit en lits épais sur le fond des réservoirs de toute nature, soit en conrois, dont on remplit des tranchées derrière des murs, ou dans l'épaisseur des digues perméables.
</td></tr>
</table>

(¹) Des motifs particuliers déterminent l'auteur de cette Notice à déclarer ici que les observations et les principes exposés dans cette seconde partie ont déjà été consignés dans plusieurs rapports, à diverses époques de l'année 1827 et du printemps de 1828.

L'emploi de la glaise exige beaucoup de soins ; il faut d'abord faire un triage pour la purger de tous corps étrangers : on la pétrit, et ensuite on la pilonne en plusieurs lits ; on est toujours obligé de donner à ces glaisages, soit horizontaux, soit verticaux, une grande épaisseur, rarement moindre d'un mètre, pour prévenir le danger des fissures causées par le retrait que la glaise éprouve quand elle perd son humidité ; et il est d'autant plus important de les prévenir, que lorsqu'elles se sont formées, la vase ou le sable qui s'y introduisent, adhérant aux parois, suffisent pour les empêcher de se rejoindre parfaitement, même quand elles se rapprochent par le gonflement que la glaise reprend sous l'eau ; en sorte que, sous une pression, même modérée, il se forme bientôt par ces fissures, des pertes auxquelles on ne peut remédier qu'en remaniant la presque totalité des glaisages.

Pour prévenir ce danger, on les couvre ordinairement, à mesure qu'ils s'exécutent, d'un lit épais de terre ou de sable, et mieux encore, quand on le peut, d'une lame d'eau.

Mais quand on est parvenu, par ces précautions indispensables et toujours dispendieuses, à prévenir tout retrait, il arrive encore souvent que, par une cause accidentelle résultant du manque d'eau, d'une avarie, ou du besoin de réparer ou de curer des bassins ou canaux, le lit de glaise étant exposé à l'air et à la chaleur, les fissures s'opèrent et se multiplient rapidement, et obligent souvent à recommencer tout le glaisage.

Les conrois verticaux en glaise sont encore plus exposés au retrait, parce que, ne pouvant être baignés directement par les eaux, et s'appuyant sur des parois en terre ou en maçonnerie, il arrive que ces parois, pompant l'humidité surabondante de la glaise, déterminent sa dessication, et par suite des fissures, qui, en s'étendant progressivement, finissent par traverser la masse entière, et par donner un libre passage aux eaux de filtration.

Les revêtemens en maçonnerie, et les bétons avec mortier de chaux hydraulique, n'ont pas les mêmes inconvéniens, mais ils sont fort dispendieux ; et d'ailleurs, ils présentent un danger, c'est qu'étant rigides, ils sont exposés à des ruptures par suite d'inégalités, soit dans la résistance du sol, soit dans leur propre tassement, et on sait combien il est difficile de réparer ces ruptures et de relier solidement leurs bords.

D'ailleurs, le haut prix de ces constructions, et la difficulté de trouver des ouvriers habitués aux soins particuliers qu'elles exigent, et aux manipulations spéciales des mortiers hydrauliques, ne permettent guère de les employer que pour les grands ouvrages d'art, dont l'importance autorise de grandes dépenses, ou pour des bassins d'agrément et de luxe; c'est pourquoi, dans presque tous les travaux ordinaires pour lesquels l'étendue des ouvrages, ou la fortune de ceux qui les font exécuter, ne permettent pas de grands sacrifices, on avait jusqu'ici généralement recours aux glaisages. Cependant depuis quelque temps, les bons praticiens, éclairés par l'expérience sur les inconvéniens de leur emploi, ont cherché à y remédier et à y suppléer par divers moyens.

Dans quelques endroits, et particulièrement en Angleterre, on a cherché à diminuer les dangers reconnus des glaisages, en les pénétrant d'une grande quantité de pierres, de cailloux, ou de gravier, et c'est là certainement une amélioration réelle de l'ancien usage, parce que, d'une part, ces matériaux augmentent la consistance du lit de glaise, et que de l'autre, facilitant l'évaporation de l'humidité par la division qu'ils opèrent, ils diminuent les causes du retrait; mais comme néanmoins la dessication réelle causerait toujours des fissures, seulement plus lentes et moins nombreuses, on est toujours obligé de couvrir ces lits, comme ceux des glaisages ordinaires, de terre ou d'eau, à mesure de leur formation, quand on opère sur de grandes surfaces.

C'est d'après ce procédé que s'exécute le fond d'un vaste bassin, nommé Doks de Sainte-Catherine, à Londres; il est certainement préférable aux anciens, mais il est aussi plus dispendieux, parce qu'exigeant toujours à peu près la même épaisseur que les glaisages simples, il nécessite en outre des manipulations plus considérables.

Depuis quelques années on a employé avec succès le sable fin et gras en conrois pour arrêter les filtrations des eaux : cette substance est préférable à la glaise, parce qu'elle est véritablement imperméable, quand elle est bien préparée et qu'elle ne prend pas de retrait; mais elle ne peut résister ni à l'action des eaux agitées, ni aux frottemens ou aux chocs des corps durs; ce qui fait qu'elle ne peut être employée sans inconvéniens qu'en tranchées.

Les procédés de fabrication des maçonneries hydrauliques sont assez connus maintenant par les ouvrages de M. Vicat; quant aux bétons hydrauliques, j'ai donné dans cette notice le résultat de mes expériences sur leur fabrication et sur leur emploi : il est donc inutile d'en parler ici; mais je vais faire connaître la composition et les avantages d'un nouvel enduit imperméable, fort économique, qui a de l'analogie avec les bétons, et qui peut souvent les remplacer.

Convaincu depuis long-temps, et par expérience, de l'insuffisance des moyens que je viens de citer, pour parer à tous les accidens, et pour assurer la conservation des eaux dans les terreins perméables, sans de grandes dépenses, j'ai cherché à composer un enduit qui fût imperméable comme la glaise pure, sans être exposé comme elle au retrait, assez consistant pour résister à l'action des eaux et des corps durs, et cependant moins dispendieux que les maçonneries et les bétons. Le succès complet d'épreuves variées, auxquelles j'ai soumis cet enduit, me donnant une entière confiance dans sa bonté, je me fais un devoir de le faire connaître, persuadé qu'il deviendra fort utile pour les travaux hydrauliques, pour divers usages de l'agriculture et pour les eaux d'agrément.

Cet enduit se compose d'une partie (en volume) de chaux éteinte, de vingt à vingt-cinq parties d'argile délayée en bouillie claire, et de quatre-vingt à cent parties de sable ou de gravier, selon que l'argile est plus ou moins grasse, et le sable plus ou moins fin; ainsi, quand l'argile est grasse et le sable fin, on met vingt parties d'argile et cent de sable; quand le sable est gros, on n'en met que quatre-vingts parties, et on y met vingt parties d'argile si elle est grasse, et vingt-cinq si elle est maigre. On commence par délayer l'argile : on y verse ensuite la chaux, également délayée à l'état d'un lait épais; ce mélange devient gras et onctueux; on verse ensuite cette pâte dans un bassin de sable ou de gravier, comme quand on fait du mortier, et on mêle ces matières au rabot ou au manège, si on emploie du sable pur, et avec des griffes, si on emploie du gravier mêlé de cailloux. Il est indispensable, pour assurer le succès, que le mélange soit bien complet, c'est-à-dire, que la substance grasse pénètre dans tous les interstices du sable et du gravier, car une seule partie, où le mélange serait mal fait, pourrait donner passage à l'eau.

On peut, quand l'argile ou la glaise sont trop éloignées et leur emploi trop dispendieux, les remplacer par de la terre franche, mais elle ne doit compter que pour moitié d'un cube égal d'argile; ainsi, il faudrait en employer quarante parties avec cent de sable fin, et cinquante parties avec quatre-vingts de gros sable.

Le gravier naturel, comme celui des environs de Paris, mélangé de sable fin et de cailloux de diverses grosseurs, peut être employé tel qu'il se trouve; il est mieux cependant de commencer par en séparer les cailloux avec des râteaux ou à la claie, ce caillou étant nécessaire pour la couche supérieure : c'est celui avec lequel j'ai fait mes principaux essais. Quand la localité ne fournit pas de gravier de ce genre, on peut y suppléer, en mêlant avec du sable ordinaire de mine ou de rivière des cailloux, des petites pierres, ou des débris de briques, de tuiles, etc.

En général, si l'enduit que l'on veut former n'est point exposé à l'action directe du mouvement des eaux et à la pénétration de corps durs, ou à de fortes pressions, on peut se contenter du mélange d'argile, de glaise ou de terre franche avec du sable pur; mais quand on a à se prémunir contre ces actions diverses et que l'on n'a pas de gravier mélangé naturel, il faut, pour la couche supérieure, mêler avec le sable des petites pierres ou des cailloux, en proportion d'autant plus grande, que l'enduit aura plus d'efforts à éprouver, et dans ce cas, on doit toujours recouvrir l'enduit frais d'une couche de pierrailles ou de cailloux, que l'on y fait pénétrer en pilonnant avec force.

Cet enduit est parfaitement imperméable; il n'est susceptible d'aucun retrait, et n'éprouve aucunes fissures par la chaleur, ni par la dessication; on peut l'employer à une faible épaisseur, mais il est bon de lui donner de quinze à vingt centimètres pour les petits bassins et les rigoles, et de trente à quarante centimètres pour les grandes surfaces.

Il a assez de ténacité et de consistance pour se maintenir contre des parois de faible inclinaison, et il n'éprouve aucune altération par les successions de la sécheresse et de l'humidité. On le voit alternativement, sec et ferme sans gerçures par la sécheresse, redevenir doux et flexible quand l'humidité le pénètre.

La gelée même ne peut altérer ses propriétés, parce qu'elles ne dépendent d'aucun effet chimique, ni d'une force de cohésion, mais uniquement de la nature des substances composantes , qui ne peut être altérée par cette action, et de l'interposition des parçelles, ou plutôt des lames de glaise très-divisées qui enveloppent tous les grains de sable, et servent de liaison entr'eux , et que cette disposition ne peut être modifiée par les changemens de température. Pour s'en convaincre, il suffit de remarquer qu'il n'y a dans cette composition aucune combinaison , mais seulement un mélange de matières , et ce qui le prouve avec évidence, c'est qu'on peut en tout temps la remanier quand elle est humide , sans nuire aucunement à ses propriétés , et qu'on la trouve toujours dans le même état, ce qui en rend l'entretien et les réparations extrêmement faciles. (¹) Cet enduit est beaucoup moins dispendieux et plus aisé à

(¹) La première observation, qui m'a mis à même de connaître et d'apprécier les propriétés particulières d'un mélange intime de terre argilleuse et de sable, fut celle que j'eus occasion de faire sur un déblai, dans une butte située au-dessous du village de Cormeilles, et traversée par la nouvelle route de Bezons à Pontoise, que j'ai fait exécuter en 1823 : la route a été ouverte dans cette butte, en tranchée, sur une hauteur variable de 3 à 4 mètres; on avait compté établir des talus ; cependant, le terrein paraissant très ferme, on différa leur exécution pour juger, par l'effet qui se produirait pendant l'hiver, de l'inclinaison qu'il conviendrait deleur donner; mais la coupe verticale s'étant parfaitement maintenue sans éboulement, on n'y toucha point , et, depuis, ces parois se sont parfaitement conservées sans aucune altération. Je reconnus, en examinant attentivement ce terrein, qu'il était composé du mélange d'une sorte de terre franche, fort douce, avec un sable très-fin, et comme on n'y voyait aucun suintement dans les temps de pluies, je jugeai qu'il absorbait seulement une certaine quantité d'eau, et qu'une fois saturé uniformément, il se refusait à toute pénétration d'eau nouvelle, et devenait par-là imperméable. J'ai eu depuis, en 1826, occasion d'observer à Pontoise un exemple plus frappant encore des propriétés extraordinaires des terreins ainsi composés. On voit dans les anciens fossés, en partie comblés, qui entouraient cette ville du côté du N. E., des parois en terre, coupées presqu'à pic, il y a au moins 25 ans, sur 7 à 8 mètres de hauteur, avec un talus du quart au plus de cette élévation, dont les surfaces sont généralement bien conservées et n'ont presque pas éprouvé de dégradation. Ce terrein est à peu près de la même nature que celui de la butte de Cormeilles, seulement il est un peu moins homogène; l'un et l'autre renferment environ $\frac{1}{8}$ de terre (en poids) et $\frac{7}{8}$ de sable très-fin: j'ai encore remarqué dans des déblais, faits il y a environ trois ans dans la vallée de l'Yvette, près de Bures, des coupes verticales parfaitement conservées, et même couvertes, dans les parties les plus humides, d'une mousse légère; là le terrein est composé d'un sable

exécuter que les glaisages, les maçonneries et les bétons; il a sur ces derniers ouvrages l'avantage d'une flexibilité qui lui permet de céder, sans se désunir et sans altération, aux petits mouvemens du terrein d'assiette, qui peuvent être causés par les alternatives de l'humidité et de la sécheresse, par la pénétration des eaux inférieures, et par toutes les causes accidentelles qui modifient très-souvent la résistance du sol.

Il est en conséquence très-propre à garnir les canaux, les bassins, les réservoirs, les étangs et les mares. Lorsqu'il est revêtu d'une bonne couche de petites pierres ou de cailloux pilonnés, il résiste parfaitement au piétinement des hommes et des animaux, et même au roulement des brouettes; il peut encore être employé avec avantage pour les rigoles d'irrigation. Mais il faut remarquer que quand on place un enduit de ce genre sur de la terre végétale, à peu de profondeur, il est facilement pénétré par les vers de terre; pour empêcher ces percemens, il faut. avant d'étendre l'enduit flexible, couvrir la terre d'une petite couche de suie, de cendres ou de chaux vive, qui repoussent par leur âcreté les vers et autres insectes qui vivent dans la terre végétale; ou bien encore mettre un lit d'écailles d'huîtres, pilées à l'aide d'une demi-cuisson, ou des débris de poteries écrasés, que ces insectes redoutent, parce que leurs corps mous sont facilement blessés par les angles et les arêtes vives. On peut encore, dans ce cas particulier, mettre une couche légère de mortier hydraulique, qui, durcissant promptement, s'opposerait à leur passage; mais ce dernier moyen serait plus dispendieux que les autres.

---

quartzeux et micacé, d'une finesse moyenne, mêlé d'argiles de couleurs et de qualités très-différentes, dans des proportions qui varient du sixième au septième du poids total, pour la substance argileuse.

Ces exemples prouvent évidemment qu'un mélange convenable de terre argileuse et de sable peut réunir à l'imperméabilité l'avantage, bien précieux, de n'éprouver aucun retrait sensible par la dessication, et de n'être nullement altéré dans sa consistance, ni dans ses propriétés, par les changemens de température, ni par l'alternative de l'humidité et de la sécheresse, ni même par l'action de la gelée, qui parvient à détruire l'adhérence des mortiers et des plâtres, qui ont beaucoup plus de force de cohésion que ce mélange, mais qui n'ont pas sa flexibilité. Guidé par ces observations, j'ai fait des essais variés, et j'ai été conduit par mes expériences à adopter les proportions des mélanges, les manipulations, et les dispositions d'emploi que j'ai indiquées ci-dessus.

Ce nouvel enduit , que j'ai soumis à diverses épreuves avec un entier succès , participant des propriétés des bétons , avec lesquels il a beaucoup d'analogie , mais sur lesquels il a l'avantage de la flexibilité et d'une grande économie, peut être appelé *béton gras,* ou *béton flexible.*

Son prix varie en raison de la valeur des matières employées , et du taux de la main-d'œuvre dans chaque localité. Celui que j'ai fait avec du gravier naturel de la plaine de Clichy , a coûté trois francs de façon par mètre cube pour la fabrication avec des griffes, à la manière des bétons, et pour l'emploi : en supposant que la fouille et le transport des matières reviennent à deux francs , ce qui peut être considéré comme un taux moyen , le prix de ce béton serait de cinq francs par mètre cube mis en place. Lorsque l'on n'emploie que du sable , le mélange peut se faire au manège , et alors la façon ne coûte que 1 fr. 50 c. au plus par mètre cube ; en ajoutant deux francs pour le transport des matières , le mètre cube reviendrait à trois francs cinquante centimes.

Le prix du mètre superficiel dépend de l'épaisseur de la couche ; en supposant le prix de transport des matières de deux francs, comme ci-dessus , le mètre carré d'enduit en gravier naturel mêlé de cailloux et manipulé comme le béton, coûterait un franc soixante-dix centimes en couches de trente-cinq centimètres d'épaisseur, et un franc vingt-cinq centimes, si la couche n'avait que vingt-cinq centimètres. Le mètre carré d'enduit en sable , sans pierres ni cailloux, coûterait un franc dix-sept centimes pour 25 centimètres d'épaisseur, et quatre-vingt-dix centimes pour une couche de 25 centimètres.

Dans les grands ouvrages, le mieux est d'établir d'abord une première couche de 25 à 30 centimètres d'épaisseur de cet enduit, composé, soit avec du gravier , soit avec du sable, selon la facilité que présentent les localités, et de la couvrir ensuite d'une seconde couche de 5 à 6 centimètres d'épaisseur d'enduit plus gras et plus fluide, composé avec du sable pur, sur laquelle on étend immédiatement un lit de 10 centimètres de cailloux, que l'on pilonne de suite et fortement, et que l'on égalise au rouleau. Le mètre carré d'enduit ainsi exécuté en grand , reviendrait à environ deux francs aux environs de Paris.

Explication de la planche nᵒ 1.

Fig. 1. Coupe sur le milieu du bâtiment de la papeterie d'Echarcon, avec projection verticale des parties saillantes de l'un des pavillons.

La coupe du terrain, sur lequel est établi ce bâtiment, indique la succession et les hauteurs des couches, ainsi que les fondations en béton dans des tranchées remplies d'eau, sur 12 mètres de hauteur.

Fig. 2. Coupe sur l'axe du sas de l'écluse du nouveau port de Saint-Ouen, avec projection verticale du pont de halage établi à son extrémité.

La coupe du terrain et des fondations indique la succession des couches du sol, la double enceinte en vannages, l'une intérieure au sas, l'autre extérieure, les lits de pierres sèches pilonnées sur la glaise, la toile bitumée qui les couvre et les plate-formes en bétons établies dans les encaissemens, avec des épaisseurs différentes sous le radier et sous les bajoyers.

Les fondations des culées du pont de halage, établies sur une plate-forme de madriers croisés, à une profondeur moindre que celle du sas, sont indiquées par des lignes tracées légèrement dans la coupe du terrain.

Explication de la planche nᵒ 2.

Système de fondations proposé pour le pont de Poissy.

Ce dessin est destiné à faire connaître les dispositions des fondations établies sur un lit de béton, dans des encaissemens en vannages de pieux et palplanches, avec toutes les garanties nécessaires dans des terreins peu consistans, ou au-dessus du lit d'une rivière.

La partie gauche du plan et de la coupe représente une fondation encaissée dans le terrain; la partie droite indique une fondation d'une culée ou d'une pile, dont la plate-forme serait supérieure au lit de la rivière; par ce motif elle comprend une crèche, formée d'un lit de béton, renfermé entre deux vannages de pieux et palplanches.

Dans l'une et l'autre partie on a indiqué des dispositions particulières, qui ont pour but de relier les parois opposées et de les rendre solidaires; elles consistent dans des pieux directeurs C, C, plantés en dedans du vannage intérieur BB, vis-à-vis et à trente centimètres de distance des pieux correspondans de ce vannage, avec lesquels ils sont attachés par le sommet, au moyen de boulons qui traversent les têtes de l'un et de l'autre et des coussinets E E placés entre deux. Les pieux directeurs opposés sont liés par de doubles racinaux DD, DD, qui les embrassent comme des moises; mais pour laisser à ces racinaux la liberté de suivre le mouvement de la plate-forme, ils sont boulonnés sur des cales FF, placées dans les intervalles, ou coulisses de 3o centimètres, que laissent entr'eux les deux pieux; ces cales, plus étroites que les coulisses, peuvent s'y mouvoir, et comme elles dépassent de part et d'autre les pieux-directeurs, les racinaux-moisans embrassent ces pieux sans les serrer.

D'après cette disposition la plate-forme peut s'abaisser progressivement par l'effet du tassement, sans que les racinaux moisans qui en font partie s'y opposent en aucune manière, et sans qu'ils cessent de remplir, à quelque hauteur qu'ils se trouvent, leurs fonctions de liens entre les faces opposées des vannages.

9 782013 574303